U0212718

XIAOXIAO DONGWU KEPU GUSHI

—— 小小动物科普故事 ——

XIAODE HENYOU GEXING

小的很有个性

主编★宁　峰

未来出版社

图书在版编目（CIP）数据

小的很有个性/宁峰主编 . -- 西安：未来出版社，
2015.6 （2018.7 重印）
（它世界系列丛书）
ISBN 978-7-5417-5677-1

Ⅰ.①小… Ⅱ.①宁… Ⅲ.①动物—少儿读物 Ⅳ.
① Q95-49

中国版本图书馆 CIP 数据核字（2015）第 124114 号

XIAO DE HEN YOU GEXING

它世界系列丛书　小的很有个性　宁峰　主编

出 品 人	李桂珍
总 编 辑	陆三强
选题策划	曾　敏
责任编辑	高　琳
设计制作	杨亚强
技术监制	宋宏伟
营销发行	樊　川　何华岐
出版发行	未来出版社（西安市丰庆路 91 号）
印　　刷	陕西金德佳印务有限公司
开　　本	787mm×1092mm 1/16
印　　张	4.5
版　　次	2015 年 8 月第 1 版
印　　次	2018 年 7 月第 3 次印刷
书　　号	ISBN978-7-5417-5677-1
定　　价	18.00 元

序 言
XUYAN

地球——作为目前唯一可确知存有生命的星球，是人类和动植物们共同的家园。从进化的历史看，各类动物都比人类出现得早，人类只是动物进化的最高阶段，没有动物就不可能有我们人类。当古代类人猿进化为人类后，人类维持生计所需要的一切，更是直接或间接地与动植物有关。正是种植的谷物，圈养的家禽、家畜，看家护院、协助捕猎的猎犬，给人类带来了温馨与安宁的生活。

人类早期朴素的情感和认知，谦逊地承认了动物对自己的价值与意义，并且以形形色色的图腾崇拜予以再现，最早的象形文字很多都来源于动物或植物的形象。不过，随着人类认识与实践能力的日益增强，特别是近代以来，伴随着人类社会工业化进程和现代科技的发展，人类开始习惯于居高临下地审世度物，开始自视为"地球的主宰"。动植物纷纷被人类的标准分成各种类别：有害无害、有用无用、可爱或是凶恶等等。森林不断被砍伐，草原在退化，荒漠化面积增加，池沼逐渐干涸，江河被污染，垃圾肆虐，道路不断延伸与扩大，人类活动无处不在，动植物自身也作为一种资源，被人类不断地索取、破坏，地球正在经历着第六次物种大灭绝！

当人类世界变得越来越大，其他世界却开始变得越来越小！周围的人越来越多，但我们却越来越感到孤独！当地球上仅剩下我们人类时，我们生存的环境一定比现在要糟糕许多。该丛书通过超近距离的精彩照片、专业科学的知识解读，让读者了解动植物的世界，享受它们带给我们的快乐，关注它们生存的现状，思考我们怎么保护它们，如何与之和谐相处，并通过坚持不懈的努力实践，与它们共同维护美丽地球的自然生态圈。

宁 峰

2015 年 1 月

目 录
MULU

鼓噪着蝉鸣的童年

"池塘边的榕树上，知了在声声地叫着夏天……"歌曲《童年》把很多人带回到儿时快乐的夏日时光，但对如今的孩子来说，蝉鸣对于他们的童年或许就是个稀罕物。

知了，学名叫蝉，在炎炎夏日，曾是我们非常熟悉的昆虫。可是，住在都市里的你有没有发现，已经很久没有听到知了的叫声了，虽然它们的叫声曾经是那么的不入耳，让你午觉睡不踏实，但现在你是不是开始有点怀念呢？

2014年6月17日晚8点多钟，被酷热灼烤了一天的古城西安正在慢慢退烧，在城东仁厚庄附近的一个小区里，张先生带着7岁的儿子童童，在几棵杨树下用手电筒寻找知了猴。张先生说，白天他好像听到了知了的叫声，于是晚上带着孩子试试能不能挖到知了猴，结果令人遗憾。

张先生从小在西安长大，他说小时候知了的叫声就是夏天的标志。印象中，那个时候杨树很多，树上的知了也很多。中午，天气很热的时候，人们要想打个盹或是休息时，它却在树梢上叫个不停，让人很烦。可是这两年却很少能听到了，只有开车到农村或者去郊区游玩时偶尔才能听到。

知了壳的中药名叫"蝉蜕"，有疏散风热、透疹止痒、退翳明目、息风止痉等功效。30多年前，农村的供销社和城镇的中药店一到夏天就会贴出收购知了壳的通知，大概是5分钱一个。家住西安市安东街的李东方女士，她的童年是在周至县农村度过的。李东方女士在上小学的时候，一放暑假，班里就有好多同学在假期捡知了壳来挣学费，当时学费不高，也就两三块钱，只要捡几十个知了壳就能凑够了。知了在晚上蜕壳，清早爬上树去，因此，捡知了壳都要一大早去。为了能多捡几个知了壳，孩子们在假期都不睡懒觉，生怕别人去得早，把知了壳捡光了。也有很多同学除了捡知了壳还抓已经蜕壳的知了，因为这也是一种极佳的美味。

知了知多少

对于知了，大多数人的印象大概就是全身黑褐色、泛着油光的样子。其实知了也有很多种。

昆虫学上的蝉有很多科，而我们通常说的蝉是蝉科。世界上的蝉大概有2000多种，我国有近150种，陕西省有30种左右。在我国北方地区常见的蝉大致可以分成4类：黑蚱蝉、螗蜩、草蝉、蟪蟟等。

黑蚱蝉是我们最常见到的蝉，也是比较大型的蝉，体长38～48mm，通常呈黑褐色或黑色，有光泽。这种蝉鸣叫声比较响亮，也比较有节奏。螗蜩是出现比较早的一种蝉，体长25mm左右，紫青色，鸣叫声作"哧——"，声音不如黑蚱蝉等大型蝉的声音大，比较脆弱。草蝉的个头更小一些，长约20mm，绿色至淡黄褐色，是低海拔与平地草丛间常见的种类。蟪蟟个头比黑蚱蝉小一些，颜色呈绿色，蟪蟟的鸣叫声比较响亮。许多昆虫爱好者将蟪蟟当成鸣虫来饲养赏玩。

知了额头上的神秘星星

在知了的额头上，比如黑蚱蝉的额头上能见到3颗像红宝石一样的小星星，还能反射出漂亮的光泽，这是什么，有什么作用呢？

这是昆虫的单眼。一些种类的昆虫单眼和复眼并存。和复眼的作用不同，单眼看物体形态的能力比较低，但对于光线的明暗有一定的感知度，它是一种"激发器官"，可以增加复眼的感知能力。类似的单眼在蜜蜂等昆虫身上也能看到。

雄蝉是聋子 雌蝉是哑巴

只要掐住雄蝉胸部的两侧，雄蝉就会发出声来。那么，雄蝉究竟能不能听见声音呢？法国著名昆虫学家法布尔进行了实验：他站在雄蝉背后，在距离很近的地方大声讲话，使劲吹哨子，拍巴掌……使用种种响声来吓唬雄蝉，可是雄蝉不为所动，他甚至找来两支猎枪在蝉的旁边连连发射，雄蝉依然继续唱歌。于是，法布尔得出结论：雄蝉是没有听觉的。100多年来，法布尔的结论一直被人们广泛接受，人们普遍认为，雄蝉只有发声器官，没有听音器官；而雌蝉只有听音器官，没有发声器官。雄蝉鸣叫是为了吸引雌蝉，但如果雄蝉听不到声音，它又如

何知道自己唱的好不好呢？雌蝉无法发声，它又如何告诉雄蝉它的表态呢？因此，一些昆虫学家认为：雄蝉不是聋子，雌蝉也不是哑巴，只是它们的相关发声和听音器官已经退化，但依然可以对声音做出反馈。

幼蝉是怎样计算时间的

　　大家都知道，幼蝉的生长期特别长，最短的也要在地下生活2～3年，一般为4～5年，最长的为17年。幼蝉长期生活在地下，有着冬暖夏凉的"居住条件"，也很少有天敌来威胁，它们经过4～5次蜕皮后，就要钻出地面，爬上树枝进行最后一次蜕皮，成为成虫。令昆虫学家不解的是，蝉能够非常准确地确定时间，在地下恰到好处地完成从幼虫到成虫的过渡生长，并适时离开地下爬出地面，这是一个不可思议的奇迹。尤其是17年蝉，这种蝉都是不多不少、精确地度过17年的地下生活才重见天日。幼蝉在暗无天日的地下，既看不见日出日落，也没有寒冬酷暑，它们是如何计算时间的？这是科学界的一个未解之谜。

我是一只中华蜂

　　我叫中华蜜蜂，还被称作中蜂或土蜂，有 7 000 万年进化史，是东方蜜蜂的一个亚种，也是中国独有的蜜蜂品种。在这个世界，因为我们的存在而愈加多彩和绚烂。

天敌绵虫　惹不起躲得起

　　进入四五月份，陕西秦岭深处，亚热带季风气候和温带季风气候表现得越发明显，春雨绵绵，持续低温，这对于怕冷、爱劳动的中华蜂来说不是好事情，这样的天气让它们萎靡不振。尤其是在潮湿的环境里很容易滋生绵虫，这是中华蜂最大的敌人，绵虫一旦生成，在中华蜂的巢穴里拉网、蚕食它们的巢穴、吃它们的肉、喝它们的血，让它们没有还手之力。俗话说"惹不起躲得起"，一旦巢穴里出现了绵虫，为了活命，中华蜂只能弃巢而去，另安"新家"。

　　人类为了防止中华蜂遭受如此霉运，除了经常查看情况，杜绝绵虫，有的还会在附近把凿空的木头安置好，等待着它们来安"新家"。有时中华蜂选择露宿树枝，结果还是被人类想方设法"招安"，再次进入新家，开始新的生活。

工蜂很拼命

　　中华蜂的群体生活造就了它们独特的生活习惯和分工。一般一个群体可能有数千只或上万只蜜蜂，但蜂王只会有一只。蜂王尊贵无比，它的王台比一般的蜂台高出许多，因此，蜂王的幼虫会持续食用蜂王浆一直到发育完全，未能持续食用蜂王浆发育完全的雌性幼虫只能成长为工蜂。蜂王一生都以蜂王浆为食，因此寿命可长达 4 ~ 5 年。

工蜂也有不同的分工，有的负责侦察寻找蜜源，有的负责清运巢穴垃圾，有的专职抚育后代，更多的是负责采集花粉和采蜜。

工蜂爬过花蕊后，身上的茸毛就会沾满花粉的颗粒，它会用前足的花粉刷把花粉尽量团在一起，然后再把花粉传送到后足的花粉篮里，带回蜂巢。回巢穴卸空后，接着又去采集新的花粉，就这样周而复始不停地重复，直到太阳下山，它们才收工。

工蜂天生就是劳碌命，天气越是炎热，干活的热情越是高涨。虽然没有监工，但它们天生如此，有些竟然被活活累死了。

"超级情圣"——雄蜂

《蜂王必死》中写道："蜂王非常胆小和害羞，而且终日幽闭于黑暗之中，终生不停地孕育……与其称之为女王，还不如称之为母亲更加贴切。然而，蜂王却又缺乏母性的本能，没有能力呵护年幼的蜜蜂。"

蜂王为了繁殖下一代，它需要更多更强壮的雄蜂与它交尾。雄蜂为了吸引蜂王，使出浑身解数，这一天是蜂王一生中最风光的日子。蜂王只有与雄蜂交尾后才能建立蜂群，这个过程也是雄蜂的骄傲。

蜂王交尾后，将精子贮存在受精囊内，可一生供卵细胞受精用。交尾2～3天后，即开始产卵。已产卵的蜂王，除自然分蜂群外，一般不飞离蜂巢，始终生活在黑暗之中。但只要蜂王在，这个群就在，一旦蜂王没了，这个群就会四分五裂，四散而去。

雄蜂经历了婚飞，但交配后因情而亡，完成了它的使命，这种因情而亡的精神堪称"超级情圣"。

王者之战

蜂王是生殖器官发育完全的雌蜂，由受精卵发育而成，通常每个蜂群只有1只。体型较工蜂长1/3，腹部较长，末端有螫针，足不如工蜂粗壮，后足无花粉筐。先天没有劳作的资本，蜂王自然可以"坐享其成"。但交配、产卵、孵化、喂养无不体现出蜂王的智慧和辛苦。

刚出生的蜂王与普通的工蜂并无分别。普通工蜂孵化成幼虫后可以食三四日蜂王浆，但是如果一条运气好的幼虫（又称蜂王幼虫、蜂王胎、蜂皇胎）被安排住入王台，终生以蜂王浆为食，就会成为蜂王。

　　同一个蜂巢里往往存在数个王台，但统治者只有一个，最先破蛹而出的幼虫，发现同胞姐妹还未出世便会用嘴咬破王台，致其夭折；或在一旁耐心等候其他幼虫露出头来，开始一场厮杀，胜者为王。成为蜂王后，一生将得到无微不至的照料，但权力的获得也必然付出代价，它什么也不做，只能周而复始地产卵。

邂逅太白虎凤蝶

太白山，秦岭主峰，神奇而美丽，哺育了无数珍贵的野生动植物，而以它名字命名的太白虎凤蝶，就是其中之一。虎凤蝶属鳞翅目凤蝶科，因色彩、斑纹与老虎身上的花纹相似而得名。绝大多数学者认为全球已知有4种：太白虎凤蝶、中华虎凤蝶、日本虎凤蝶和（乌苏里）虎凤蝶。太白虎凤蝶又称长尾虎凤蝶，仅分布于我国的陕西、湖北、四川、甘肃等省份，比其他三种虎凤蝶的分布范围都要狭窄，数量也更为稀少，发现时间也最晚。

短暂的生命 飞舞的精灵

莽莽秦岭横亘在我国中部，太白虎凤蝶就分布在秦岭山脉的部分地区。太白虎凤蝶与其他虎凤蝶最大的区别是翅膀正面黑色条纹宽而黄色条纹细，后翅尾突不仅长，而且比其他任何一种虎凤蝶都要长。

2000 年 4 月初，我进入秦岭山区，在一位老农的指引下，来到一处山顶。刚到山顶，便看到许多太白虎凤蝶在树梢上翩翩起舞。太白虎凤蝶大都是两两一起，有时也会几只蝴蝶排成一条线相互追逐。一旦太阳被云朵遮挡，它们也消失不见；当云朵飘走，阳光又照射下来的时候，它们又悄然现身。这其实是蝴蝶的婚飞（飞行时进行交配并且形成一个新群体的前兆），太白虎凤蝶只有在婚飞或访花采蜜时聚群活动。我曾在一个直径不到 20 米的小山头上见到 20 多只太白虎凤蝶。

　　到了晚上，太白虎凤蝶成虫在山沟边或草地上休息。早晨温度逐渐上升，太白虎凤蝶开始在沟边树荫下有阳光的地方活动，随着时间的变化，太白虎凤蝶慢慢往山梁上移动。接近中午，在山梁上就能看到成群的太白虎凤蝶在树梢上追逐、飞舞。到了下午，它们开始分散，各处寻找蜜源，访花吸蜜，补充体力。接近傍晚，它们会下到河沟边、山脚下的树林中活动，雌蝶也大都在这个时间寻找寄主植物产卵。

　　太白虎凤蝶成虫最早出现在 4 月初，成虫在野外的寿命仅有 1 ~ 2 周时间，恶劣天气会加速其死亡，但雌蝶的寿命更长一些。

　　一天早上，草上还挂着晨露，我在路边的草地上看到了一只太白虎凤蝶，它满身露珠，应该是刚刚在此过夜的。蝴蝶受了外伤无力飞行，发现后我立即把它带回去饲养。4 天后的早上，让人惊喜的是，这只蝴蝶在同一片叶子上产了两堆卵，它一直停留在卵的旁边，翅向下垂着。两堆卵集中排列在叶子反面，数了数，共有 31 粒，卵呈圆形，乳白色。之后的几天，雌蝶没有再产卵，我便把它从养蝶笼中取出来，没想到它竟慢悠悠地飞了起来，并且越飞越高，越飞越远。

　　21 天后，31 粒卵都顺利孵化出了

幼虫。刚孵出的幼虫头是黑色的，身体为灰白色，身上还有长长的灰黑色细毛。一周后，大多数都蜕掉了出生时的"胎衣"。不进食的时候，所有幼虫都把头高高抬起，这种仪式般的动作很有趣。经过五个阶段成长，幼虫体长约4.3厘米，身体的颜色也更深。40天后，第一只幼虫开始预蛹，从预蛹开始到完成化蛹还需约4天。太白虎凤蝶的蛹为缢蛹，初化蛹呈黄褐色，外观湿润，其后颜色逐渐加深，最终变为深褐色，表面愈发湿滑剔透。太白虎凤蝶每年一代，以蛹的形态度过酷夏、秋天和寒冬，等待来年羽化成蝶。

幸福的时刻　目睹"仙子"诞生

秦岭的冬季寒冷而漫长，31个太白虎凤蝶蝶蛹一直呆在海拔1500米的山上。2013年2月20日，我拿了其中4个蛹来到海拔600米左右的市区，想测试一下环境温度的快速升高对蝴蝶越冬蛹羽化的影响。

在山上，夜里最低温度达到零下20摄氏度，而市区室内因有暖气，温度在16～21摄氏度之间。3月1日早上，第一个"百花仙子"终于诞生，那是一只雌性太白虎凤蝶。由于刚刚羽化出来，蝶翅还蜷缩在一起没有展开。20多分钟后，它那楚楚动人的翅膀基本全部展开，不一会儿便开始抖动。约1个小时后，它突然抖动翅膀飞了起来，这是它生命中的第一次飞翔，同时也宣告它的羽化过程结束了。

这只雌蝶美丽的翅膀在阳光下熠熠闪光，新生命充满了活力，堪称"百花仙子"。因为没有蜜源，我用糖水给它喂食。相对于野外太白虎凤蝶的成虫4月初的发生期，这只整整提前了1个月。

后来，我把其他太白虎凤蝶的蛹都拿到了野外，用落叶把它们遮挡起来，希望它们能正常羽化成蝶，飞翔在美丽的秦岭之中。

全世界所有的虎凤蝶都是一年繁殖一代，以蛹的形态越过夏、秋、冬，多在寄主植物的枝干或树皮缝隙中、枯枝败叶下及崖壁缝中化蛹越冬。

在我国由于对其寄主植物的掠夺性采挖（其寄主植物都是中药），极大地加重了虎凤蝶的濒危程度。所有虎凤蝶都是生态优劣的指示物种，只有在生态未被破坏的环境中才能见到。

会飞的花朵

　　蝴蝶因其美丽的外表常被人们称作"会飞的花朵"，中国历代诗词歌赋也常常将蝴蝶作为赞美春天、寄托情愫的对象，其中《梁山伯与祝英台》的传说最为著名，人们将传说中的名字赋予在真正的蝴蝶身上。

　　色彩缤纷的蝴蝶给大自然增添了无限的美丽，小小的生灵历来受到人们的喜爱。因此，蝴蝶标本近年来逐渐成为收藏的新宠。我的一位朋友就收藏有一对这样的蝴蝶。下面，就让我们从他的藏品中，领略"会飞的花朵"的风采吧。

　　下图就是梁山伯蝶和祝英台蝶，它们分别是玉带凤蝶的雄蝶和雌蝶。玉带凤蝶雄雌外观差异很大，雄蝶翅膀上的图案似一条白色腰带，显得十分庄重，它就是梁山伯蝶；雌蝶则似穿着百花裙，十分俏丽，便是祝英台蝶。由于《梁祝》的故事，它们也有了"最有爱蝴蝶"的美称。玉带凤蝶的雄蝶多见，但雌蝶少见，是蝴蝶收藏界的珍品。

　　像玉带凤蝶这样的蝴蝶，只是数千种蝴蝶收藏品种中的沧海一粟，其中不乏很多让人叹为观止的蝶种。钩粉蝶看上去并不起眼，然而它却是一种能够在冬天以成虫形态过冬的蝴蝶。要知道，大多数蝴蝶都是以蛹的方式越冬。钩粉蝶的寿命是蝴蝶中最长的，成虫阶段可达9～10个月，它也是每年最早出现的蝴蝶之一，有些地区2月份就能见到它的身影。在早春的寒冷气候中，钩粉蝶有时会张开翅膀晒太阳摄取热量。其幼虫常以鼠李树为食。

猫头鹰蝶只分布在南美洲，它是举世闻名的大型蝶类，整个翅面酷似猫头鹰的脸。当它展开双翅停息在树枝上时，酷似瞪大双眼的猫头鹰脸，天敌见了自然逃之夭夭。和猫头鹰蝶一样，数字蝶也分布在美洲，一般分布于美洲热带海拔约800米左右的山地。在它们的翅膀上能看到数字，许多人称数字蝶为"88"蛱蝶，其实还有"80、89、98"等数字形态，但它们都属于一类。枯叶蛱蝶的外形就像一片枯叶，能够将自己伪装得与周围环境相似，免受天敌侵害。枯叶蛱蝶为我国稀有品种，数量极少，分布于我国西南部和中部，喜马拉雅山脉的低海拔地区。

还有两种罕见蝴蝶品种为周氏虎凤蝶和小玄灰蝶。前者是中国特有的蝴蝶品种，2005年才被发现命名。后者是我国目前发现的最小的蝴蝶，翅膀展开仅12～17毫米。

我的朋友告诉我这样一个故事。秦岭有一种 金裳凤蝶，这种蝴蝶翼展近17厘米，飞得高，是我国的大型蝴蝶之一。有一次，他在镇安捕捉另一种蝴蝶的时候，忽然看见了一只金裳凤蝶，一路追到山顶，终于看见蝴蝶落在一棵树上吸花蜜，于是用网去捕。蝴蝶是捉到了，他却发现自己一只脚已经踩空，下面就是悬崖，幸亏抓住了一棵山藤才脱险。

据最新统计，世界蝴蝶有 1.8 万种，其中我国有 2 153 种。陕西省主要是北方蝴蝶，有 450 种，属于国家二级保护的有四种，分别是太白虎凤蝶、周氏虎凤蝶、中华虎凤蝶和三尾凤蝶。其中周氏虎凤蝶和太白虎凤蝶是陕西省独有品种。

对于大多数人来说，蝴蝶的外表是美丽的，但幼虫大多是容貌丑陋的毛毛虫，而对于蝴蝶爱好者来说，幼虫却是很萌的蝴蝶宝宝。从茴香叶里抖下来的毛毛虫，长大后就是美丽的金凤蝶。而大家经常见到的多是粉蝶和凤蝶类。菜粉蝶幼虫爱吃卷心菜，云粉蝶幼虫爱吃油菜，花椒树上常见碧凤蝶，苹果树边常飞绢粉蝶。不同蝴蝶的幼虫有不同的宿主植物，有自己独特的口味。所以，想要找到某种蝴蝶，可以试着先找找它们爱吃的食物。

对于蝴蝶爱好者来说，除了可以从野外捕捉外，也可以人工养育，采取取虫卵和采集寄主植物的方式来养殖。人工养殖的蝴蝶比捕捉的蝴蝶标本损伤小，品

相好。每年5月，在卷心菜地里，最常见的是菜粉蝶，菜粉蝶的幼虫就是菜青虫。云粉蝶飞舞在十字花科植物之间，豆粉蝶则活跃在豆类植物中。在城市里，凤蝶类不如粉蝶类蝴蝶多见。

一些山区常见的药材是各种蝴蝶的寄主植物。以北马兜铃为食的蝶类为丝带凤蝶、麝凤蝶。杜衡吸引中华虎凤蝶，细辛则是周氏虎凤蝶幼虫的食物来源，人们就曾用这种植物成功

培育了周氏虎凤蝶。芸香科植物吸引各种凤蝶前来取食，如花椒树吸引碧凤蝶，柑橘树吸引柑橘凤蝶。樟科植物的樟树寄生青凤蝶、褐斑凤蝶等。木兰科植物如白玉兰则寄生木兰青凤蝶等蝴蝶。豆科植物合欢也是我们常见的树木，宽边黄粉蝶的幼虫以此为食。榆科植物是各类蛱蝶的取食对象，如朴树吸引朴喙蝶。垂柳的取食蝶类是黄襟蛱蝶、珐蛱蝶。公园里常见的三色堇的取食蝶类是斐豹蛱蝶。

华丽变身

记得有个脑筋急转弯的问题：毛毛虫怎样过河？答案是变成蝴蝶飞过去。大家普遍认为这个问题考查的是孩子有没有昆虫变态的知识，但严格来讲，这个答案不算完全正确，因为我们平常见到的毛毛虫除了能变成蝴蝶外，更多的毛毛虫有可能变成蛾子，甚至毛毛虫里面还有叶蜂和叶甲的幼

虫，它们无论如何是变不成蝴蝶的。那么，能变成蝴蝶的毛毛虫长什么样？现在，我们就来看看毛毛虫华丽变身后的样子。

蝴蝶作为完全变态的昆虫，一生经历卵、幼虫、蛹和成虫4个阶段。幼虫是蝴蝶的生长期，没有翅，也就是我们所说的毛毛虫，生殖系统也没有发育，但具有咀嚼式口器，每天的主要任务就是吃，吃饱了边休息边消化，消化完了继续吃，身体可以增长、增重几十倍乃至上百倍，经历数次蜕皮，然后化蛹。蝴蝶幼虫基本上都是素食者，以植物的叶片和花朵为食物，其中不乏重要的农林害虫，如白菜等十字花科作物上的大青虫（菜粉蝶）和水稻的稻苞虫（直纹稻弄蝶），这些幼虫用它们的咀嚼式口器，像蝗虫一样，大肆啃食植物的叶片，完成身体的生长发育。不过，极个别蝴蝶的幼虫是食肉的，像蚜灰蝶幼虫就是以蚜虫为食物的，黑灰蝶幼虫则生长在蚂蚁窝中。

蛹期是蝴蝶一生当中的重要时期，在这个时期，既没有口器，也没有运动器

官，几乎失去了所有防御和反抗能力，无法进食，更不能逃跑，只能静静地隐藏在某个角落。蝴蝶化蛹时只有少数种类能够吐丝做茧，多数蝴蝶都是裸露着身体，仅仅用丝线将身体固定住而已，这在昆虫学上叫作裸蛹。根据丝线固定的方式，又可以进一步区分为缢蛹和悬蛹。缢蛹除了固定尾部外，还用丝线拦腰固定住身体。悬蛹仅仅是用丝线固定住尾部，头朝下悬空。虽然从外面看上去蝶蛹一动不动，但内部却发生着脱胎换骨的变化：原有的咀嚼式口器和腹足等器官完全消失，重新长出虹吸式口器，与幼虫期完全不同的 3 对足，幼虫期没有的触角，宽大美丽而且能够飞翔的翅，以及用于交配产卵的内外生殖器官等。所有器官重组完成之后，在一个阳光明媚而温暖的早晨，蝴蝶就破蛹而出了。

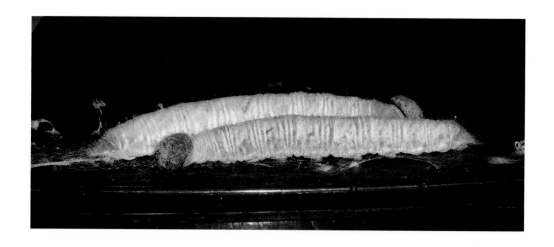

成虫阶段是蝴蝶一生最美丽的时期，它们不仅拥有美丽的外表，而且行为也变得高雅。它们穿梭于树林花丛之中，用长长的、能伸能卷的虹吸式口器，吸食花蜜，同时也为植物传授花粉，更为自然界增添了几分美丽，因此被誉为"会飞的花朵"。

纵览蝴蝶的一生，可以用"毁誉参半"来形容。前半生（幼虫阶段）危害植物干坏事，后半生（成虫阶段）传花授粉做好事；前半生，奇丑无比藏于叶片间，后半生，宛如天仙飘飘然飞翔于世间。如果不是亲眼所见，真的很难将丑陋的幼虫和美丽的蝴蝶联系在一起，即便是养过很多蝴蝶幼虫的专业工作者和业余爱好者，对于没有见过的幼虫，也很难想象其成虫的模样。研究蝴蝶幼虫的寄主植物，揭秘蝴蝶的前生后世，是一件多么有意思的事情。那么，什么样的幼虫变成什么样的蝴蝶，有规律可循吗？答案是肯定的，但这个规律有点复杂，不是三言两语就能说清楚的。

蝴蝶和蛾子在昆虫分类学上都属于鳞翅目，鳞翅目的幼虫多数为多足型，称为蠋式幼虫，身体多为圆柱形，柔软，有发达的头部，胸部3节，腹部10节，一般有3对胸足，2～4对腹足和1对臀足（尾足），腹足末端有趾钩，与叶甲（鞘翅目）幼虫和叶蜂（膜翅目）幼虫的最大区别是后两者一般没有腹足。

鳞翅目的幼虫虽然千变万化、形态各异，但每个科都有各自独特的特征，只要掌握这些特征，就可以初步把鳞翅目的幼虫区分到科。不过，鳞翅目共有一百多科的蛾类和十几个科的蝴蝶，要想全部掌握难度还是不小的。

《中国蝶类志》将全中国的蝴蝶区分为12个科，分别是凤蝶科、绢蝶科、粉蝶科、眼蝶科、斑蝶科、环蝶科、蛱蝶科、喙蝶科、珍蝶科、蚬蝶科、灰蝶科和弄蝶科。

凤蝶科的幼虫身体粗壮，后胸节最大，体多光滑，有些种类有肉刺或长毛，体色因虫龄而有变化，初龄多暗色，好似鸟粪；老龄常为绿色、黄色或其他颜色，有红色、蓝色或黑色斑纹的警戒色，受惊时从前胸前缘能伸出鲜艳颜色的臭角，散发类似恶臭的气味以御敌。成虫为大型和中型的美丽蝴蝶，颜色鲜艳，底色多为黑、黄或白色，并有蓝、绿、红色的斑纹。

绢蝶科的幼虫与凤蝶科的幼虫很相像，也有臭角，但体色暗，有明显的淡色带纹或红色斑。成虫多为中等大小、白色或蜡黄色的蝴蝶。

粉蝶科的幼虫身体呈圆柱状，胸腹部每节均有横纹，可将身体分为许多环，环上分布有小突起及短毛，颜色单纯，多为绿色或黄色，有的种类有黄色或白色纵线。成虫一般为中等大小的蝴蝶，色彩较为素淡，多数为白色或黄色，少数种类为红色或橙色，有黑色斑纹。

眼蝶科的幼虫身体呈纺锤形，即两端细中间粗，每节上有横皱纹，身体多毛，头比前胸大，头部常有2个叉状突起或延伸成2个角状突起，尾节有成对的向后突起，身体多为绿色或黄色，并有纵条纹。成虫多为小型或中型的蝴蝶，通常颜色暗而不鲜艳，少数为红色或白色，翅上通常有较醒目的眼状斑纹。

斑蝶科的幼虫身体光滑，颜色鲜艳，头小，体节上多皱纹，胸部和腹部各有1～2对线状的长突起，能散发臭气以御敌。成虫为中型或大型的美丽蝴蝶，身体黑色，翅的色彩艳丽，主要为黄、黑、灰或白色，有的有蓝紫色闪光。

环蝶科的幼虫身体呈圆柱状，头部有2个角状突起，体节上有很多横皱纹，体表长有稀疏的毛，尾节末端有1对尖形突出。成虫多为大型或中型的蝴蝶，多数种类颜色暗淡不鲜艳，多为黄、灰、棕、褐或蓝色，翅上有大型环状纹。

蛱蝶科的幼虫体型变化较多，很多种类头上有突起，有的种类头上突起很大，呈角状，甚至形成硕大的头冠，多数种类体节上有棘刺，往往棘刺分叉。成虫多数种类为中型或大型蝴蝶，少数种类为小型蝴蝶，翅形和色斑变化较多，多数种类都是美丽的蝴蝶。

喙蝶科的幼虫与粉蝶科的幼虫相似，但头小，中后胸稍大些，有很小的毛。成虫为中型或小型的蝴蝶，翅色暗，灰褐色或黑褐色，有白色或红褐色斑纹。

珍蝶科的幼虫身体多刺，与蛱蝶科某些种类的幼虫极为相似。成虫为中型偏小的蝴蝶，多数种类为翅红色或褐色。

蚬蝶科的幼虫身体呈蛞蝓型，中间宽两端窄，密被细毛，与灰蝶科的幼虫相似。成虫为小型、美丽而脆弱的蝴蝶，与灰蝶很像。

灰蝶科的幼虫身体呈蛞蝓型，即身体椭圆而扁，边缘薄中间隆起，头小，缩在胸部内，足短，身体光滑，或者有细毛，或者有小突起。成虫多数种类是小型，颜色、斑纹变化很大，翅正面常呈红、橙、蓝、绿、翠、古铜等颜色，翅反面与正面的颜色和图案迥然不同，多为灰、白、赭、褐等色，是一群美丽的小型蝴蝶。

弄蝶科的幼虫头大，头的颜色较深（多为黑褐色），身体为纺锤形，或光滑，或有短毛，常附有白色蜡粉，前胸较瘦，似颈状，常吐丝缀连数片叶子形成苞，幼虫躲在苞内取食。成虫多为小型或中型的蝴蝶，身体粗壮，颜色深暗，多为黑色、褐色或棕色，少数种类为黄色或白色。

冬日听虫 古老的时尚

　　鸣虫分为夏虫和冬虫，两者的区别是冬虫都是人工养殖，有些像反季节上市的蔬菜，自古鸣虫爱好者都是以饲养和把玩冬虫为乐。每年夏秋时节，有人专门将蛐蛐、蝈蝈、油葫芦、竹铃、金钟、大黄铃、扎嘴等鸣虫种类的卵从野外采回，通过人工加温，让鸣虫在冬日里孵化，成虫时出售。

　　怡养鸣虫是我国独有的一种文化，其历史可以追溯到唐天宝年间，当时皇宫中的姬妾因无聊寂寞，时常将鸣虫捉回，饲养在枕边解闷，后来慢慢在皇城根的百姓中间开始流行。

　　怡养鸣虫的鼎盛时期是在明清两代，明朝时还增加了饲养鸣虫的种类，并且发明了在冬天人工养殖的方法。

　　从欣赏角度看，公认的鸣虫有直翅目的蟋蟀科、螽斯科及同翅目蝉科。它们鸣叫的发声机制，主要是靠革质前翅间的摩擦发声，蟋蟀类鸣虫发音齿位于右翅，刮板位于左翅；螽斯类鸣虫发音齿位于左前翅，刮板位于右前翅；蝉则通过长在腹部第一节两侧的弹性薄膜，也叫声鼓快速收缩发声。

鸣虫的声音最早出现在距今三亿五千万年前的泥盆纪，比鸟类早两亿年。所以，很多人认为"混沌宇宙寂无声，首破宁宇是鸣虫"。欣赏鸣虫的叫声如同倾听原始天籁之音，感受大自然，能放松心情，对人听力锻炼也非常有益。所以怡养鸣虫是一种高雅的文化生活。

从昆虫学分类，鸣虫的种类多达上百种，我国三大传统鸣虫分别是"蛐蛐""油葫芦"和"蝈蝈"。其中蛐蛐和油葫芦都属于蟋蟀科，该科目前还有马铃、竹铃、金钟等十多个品种被鸣虫爱好者所喜爱。而螽斯科最有代表性的当属蝈蝈，还有扎嘴、纺织娘等，每年冬天饲养和把玩的都是蝈蝈和油葫芦。鸣虫中蛐蛐的种类最多，除了听叫，还有打斗竞技。

冬日里人工繁殖饲养的常被称为"白虫"，油葫芦的叫声也最具悲切感人的效果，常被称为"黑虫"。体型最大的是大蟋蟀，体长超过4厘米，被称为"蟋蟀之王"。

产于安徽的大黄铃有"鸣虫之王"的桂冠，而金铃子、小黄铃、墨铃并称为"三大鸣铃"。近几年又出现斑铃、石铃等一些新品种，但大家平时常饲养和把

玩的就有二十几个品种。

　　有一种鸣虫最为有名，它叫扎嘴，南方人叫姐儿，不但个儿大，而且叫声独特。因为农药的大面积使用，现在已很难见到，这令鸣虫爱好者非常遗憾。

伪装 "大师" ——竹节虫

　　它们生活在丛林中，没有利齿，没有锋利的尾针，身体脆弱，不能像蝗虫一样跳跃，也不能像蝴蝶一样飞翔，却靠着千万年进化来的本领惊险而顺利地度过了自己的一生，它们是"竹节虫"。

枝条和叶片的模仿者

　　竹节虫生活在热带和亚热带丛林里，只有当你发现面前的某段树枝在缓慢移动，树枝的"树节"处还有亮晶晶的小眼睛时，才发现这是一只虫子！它们的颜色、形状与周围的树枝一模一样，连枝条上的毛刺也是那样真实！它们便是大名鼎鼎的拟态（一种生物模拟另一种生物或模拟环境中的其他物体从而获得好处的现象）高手——竹节虫，它们极其擅长伪装，因此人类给了它们一个很棒、很贴切的名字——"精灵"。竹节虫在英语系国家又被称作"会走动的树枝"。全世界的竹节虫都属于竹节虫目，分为5科300多属2 800多种，我国已发现过4科100多种。

这个类群里某些种类最大的可长达 30 厘米以上，是世界上最长的昆虫。

当它们在植物上活动时，能模拟成植物的枝或叶。绝大多数种类的竹节虫都模仿枝条，但叶䗛（xiū）科竹节虫的拟态更比其他竹节虫技高一筹，它们模仿的是树叶，连叶脉和叶面上被虫啃过的缺口和霉变的斑纹也模仿得惟妙惟肖。甚至我国稀有的叶䗛——东方叶䗛的卵就和苍耳种子几乎一模一样，叶䗛几乎已成为"昆虫拟态"的代名词。东方叶䗛早在 1758 年就被瑞典著名博物学家林奈命名，在生物学界可谓赫赫有名。通过饲养可以发现，叶䗛成虫行动非常迟缓，但是刚刚孵化的小叶䗛却非常灵活，和蚂蚁一样擅长奔跑。而且刚刚孵化的东方叶䗛外形也很像一只黑色的大蚂蚁，它们一出生就向明亮的地方飞快地奔跑，并且尽量爬向高处。显然，天性告诉它们：在明亮的高处才可能有鲜嫩的叶片。当蜕皮进入二龄后，它们从黑色变成了绿色，也逐渐安静下来，开始了模仿叶片的生活。

不需雄性也能繁殖

竹节虫几乎只生活在树梢，层层叶片遮盖了它们存在的区域，因此人们在丛林里很少有机会看到它们，昆虫学家对它们的研究也受到一定限制。通过饲养从世界各地收集的十几种竹节虫，我感觉它们的一生就是一个传奇。与其他昆虫相比，竹节虫很具有饲养和观赏价值，大多数竹节虫主要以树叶为食，它们最喜欢蔷薇科植物，食量也很小，与一只同样重量的蝗虫相比，它们每天消耗的食物不到前者的1/5。它们吃着同样的食物——玫瑰或几种悬钩子的叶片。冬天没有鲜嫩叶片的时候，它们也吃切得很薄的苹果片，甚至果酱。只要调节好房间的温度和湿度，准备新鲜的食物，大部分都能顺利长大，由于伪装的功夫非常好，换叶子时不细心，就会找不到它们在哪里，这种捉迷藏的游戏很有趣。有时，它们的幼虫会爬在手上，痒痒的，很可爱。白天，它们常常会选择在纤细的枝条附近躲藏，一动不动地"潜伏"，有的种类还将两条前腿并拢伸直，整个身躯和另外四条腿也尽量伸直，使自己看上去与环境保持高度一致。

幽灵竹节虫是竹节虫中的另类，它能选择同时模仿树枝和枯叶，身体像一段枯树干，足像干枯的叶片，浑身长满尖刺。最为奇特的是它的头部长着尖刺，向后延伸的头顶看起来极像恐怖片里的外星生物，又像《植物大战僵尸》里的僵尸头，有"世界上最丑陋的昆虫"之称。它原产澳洲，有神奇的"孤雌生殖"特性，在繁殖过程中缺少雄性配偶的情况下，也能产下无父的后代，即卵子无须授精就能自行发育。许

多种类的竹节虫都能通过所谓"孤雌生殖"的方式顺利繁衍后代，这显然是在严酷的环境下进化出的特别方便有效的一种生存方式。竹节虫这种独一无二的特性究竟是物种的进化还是变异，目前尚无定论，但美国加州大学的一些科研人员已试图从脱氧核糖核酸（DNA）层面入手，揭开这个秘密，为人类未来的星际远航、移民提供帮助。

与许多慵懒的动物一样，竹节虫的寿命也远比那些活泼的生命长，只要新鲜食物充足，温度适合，人工饲养条件下它们就可以活1～3年。与大多数只有几十天，至多几个月生命的昆虫相比，它们也算是寿星了。

形形色色的竹节虫

2008年10月，英国伦敦自然历史博物馆展出了一只婆罗洲竹节虫标本，它体长达55厘米，即使不算腿在内，体长也达到35厘米，是已发现的地球上最长的昆虫。实际上，除了这种包括足在内身体全长最长的种类，还有几种巨型竹节虫也引人注目，这就是世界上体重最重的位于马来西亚的扁竹节虫和巴布亚新几内亚的巨人叶脩。由于统计的方式不一样，这几种巨型竹节虫难分伯仲，均堪称世界第一，如果仅按从头到尾的长度，伦敦自然历史博物馆的婆罗洲竹节虫55厘米长，超过全长38厘米的巨人叶脩的纪录，是当之无愧的世界之最。但如果统计的指标包括重量和伸展的翅膀宽度在内的话，则它们各有千秋：扁竹节虫一般雌性都能长到70克以上，婆罗洲竹节虫却只有10多克；婆罗洲竹节虫的翅膀退化，巨人叶脩雌性翅膀展开宽达20厘米，黑黄相间的巨大翅膀像一把撑开的花伞，加上近30厘米长，直径超过1厘米的身体，从视觉效果看，巨人叶脩应该是最重的竹节虫。

另外，通过分析竹节虫脱氧核糖核酸（DNA）后发现，在漫长的进化历史中，一些竹节虫的翅膀多次失而复得，这说明在2亿多年的时间里，竹节虫创造翅膀的基因似乎并没有消失，当发现翅膀和飞行能更加有利于生存时，它们会让翅膀再长出。这一现象挑战了《进化论》的基本信条——进化过程是不可以逆转的。

它们大多来自恐龙生活的侏罗纪时代，有一块一亿四千多万年前形成的竹节虫化石，是2012年4月在辽宁发现的。一次意外的火山爆发中，迅速落下的火山灰和稳定的湖泊相沉积凝固了这个孱弱的生命。它是目前全世界发现最早的竹节虫化石之一。化石中显示了当时它前翅非常发达，后翅更宽，说明当时竹节虫具有很强的飞行能力，能很好地躲避天敌，不用发育出拟态。现在的竹节虫飞行能力极弱并且有拟态现象，也反映出竹节虫现在的天敌远远多于侏罗纪时代。

伤感的虫虫

世界上已知有 150 多万种动物，其中昆虫占到了总量的 80% 以上。

秦岭 400 个新甲虫都是洋名

2002 年，英国昆虫学家 I.Ribera 和两名德国学者联合发表文章，题目是《水鞘翅目发现新科》，里面讲述了在南非西海角省和我国陕西省发现水生甲虫新的种类，并命名为 "Aspidytidae"，这在当时轰动了全世界。因为在这之前的 150 年间，很少有新科被确立，在秦岭发现的这个新科自然意义非凡。

在国际上，昆虫分类学是科技研究领域最为经典的学科，它早在 1758 年就建立了，是体现国家基础科学领域研究水平的重要指标。而秦岭神秘的昆虫世界，还有很多未解之谜，所以这些年吸引了大批的外国人进入秦岭"探宝"。杨星科副院长就曾接触过一位捷克昆虫分类学爱好者，他竟然会说一口地道的陕西话，可见其为在秦岭搞研究而下的功夫。

昆虫学研究意义非凡

很多人说，小小的昆虫对人类到底有什么重要意义？其实，昆虫学研究意义非凡。首先，昆虫有益、害之分，害虫如在北方大面积暴发的黏虫、双斑萤叶甲灾害，它们造成玉米、稻谷、小米的减产，损失数以亿计；而有益的昆虫，如天敌昆虫、药用昆虫、分解各种尸体和有机物的"清道夫"类昆虫，能帮助人们控制虫害的发生，保护生态环境。其次，对一些病媒昆虫的研究，可以预防很多疾病和疫情的发生，如传播脑膜炎的蚊子，传播病菌的蟑螂，可导致森林脑炎和出血热的蜱虫等。而且，通过调查摆蚊和一些毛翅目水生昆虫的有无，还可以很清楚地知道水质的好坏，因为它们对水质要求高，只要有它们在，就说明水质非常好。

外来昆虫入侵也带来巨大危害。自2001年我国加入世界贸易组织（WTO）以来，由于我们对昆虫分类知识的欠缺，导致很多外来昆虫物种在国内大量繁殖，有些甚至带来了巨大的危害。比如从美国进口的白皮松，就将红脂大小蠹带进国内，因为温度、湿度的适宜，加之没有了天敌，每年给我国北方分布的油松、马尾松、华山松造成上百亿的经济损失。还有马铃薯甲虫，它从欧洲进入我国新疆，导致很多种植马铃薯的农田绝收。

它们总是被误认

蜻蜓与豆娘：虽然蜻蜓与豆娘外形酷似，但仔细一瞧，仍可分辨两者间的差异。体形纤细的豆娘，栖息时，习惯将它那两对大小、形状相同的翅膀，合并叠竖于体背上；而蜻蜓较之粗壮些，它那两对大小不一的翅膀，休息时则展开平伸于身体两侧。蜻蜓的飞行速度也是一流，有别于慢慢低飞的豆娘。

　　蜜蜂与花蝇：花蝇跟蜜蜂十分相似，也是在花丛飞，但区别是只有一对翅膀（蜜蜂是双翅），肚子瘪、腿脚细，当然它也不会酿蜜，也不会像蜜蜂那样蜇人。

秋夜，路灯下的昆虫派对

秋初，是昆虫最繁忙的季节。刚入夜，户外的虫鸣声比夏季更强烈，这是它们一年中最后、也是最大的一场派对。这场疯狂之后，它们有的开始蛰伏，有的默默死去……

城市里，最容易看见昆虫聚集的地方，应该是在路灯下，在灯下抓虫子，是很多人儿时难忘的回忆。那么，这场聚会里又有哪些嘉宾，它们的身份又是什么？

灯下的秋夜，仿佛四周都是各种虫子的叫声。路灯下最常见、体形最大的是油葫芦，它全身油光锃亮，就像刚从油瓶中捞出来似的，鸣声好像油从葫芦里倾注出来的声音，节奏不快，但比较婉转悠长，可以整夜鸣叫。还有大家熟悉的蟋

蟀，又称蛐蛐，细分的话有善斗的斗蟋，不斗的扁头蟋（俗称棺材板）。蟋蟀只有雄性能鸣叫，叫声清脆、明亮，是夜晚演奏的主力军。另外，在陕南，还会经常见到翅膀半透明的竹蛉和翠绿色的金钟。它们的叫声虽然没有蟋蟀响亮，但节

奏和音调富有变化，很好听。当然，此时地下还有一位重低音演奏家——蝼蛄，它虽然是农作物的害虫，但在北方 3 年成虫后，夏末秋初之际，雄性蝼蛄会在地下平稳、长时间地持续鸣叫，吸引雌性。

每种昆虫都有自己辨认道路的方法，很多有翅的昆虫都靠光线来辨认方向。昆虫向着一定方向活动的习性，叫作趋向性；向着光线移动的习性，叫作趋光性。

有翅昆虫一般趋光性较强，所以它们在夜间飞行的时候，是利用光线来辨别方向的，因此，在灯光下常会聚集许多昆虫。但是，各种灯，如电灯、汽灯和路灯下面飞来的昆虫种类和数量是不一样的，这是因为各种昆虫对于不同强度的光有不同的反应，例如，所有的昆虫几乎都看不见红色光，却能看见橙、黄、绿、蓝、紫色光和紫外光，尤其是人类看不见的紫外光，昆虫最喜欢。常见的金龟子、红铃虫、玉米螟等农业害虫的成虫，都喜欢紫外光。如果夏天在室外安装上一盏紫外光灯，一夜之间，能诱来成百上千的昆虫。

搬个小凳坐在路灯下，看着虫儿们上下翻飞，那可真是一件很有趣的事，各式虫虫也够你认上一阵子，而其中最多的当属各种蛾子。斑纹夸张的"天蚕蛾"

是首屈一指的美丽，全世界有800多个不同的品种，幼虫时吃树叶，变成成虫后，它就不再进食，雄蛾的羽状触角可用以探测远方雌蛾的气味。还有各式各样的灯蛾，黄的、红的、白的、花的，它们体形不大，翅膀上斑点变化多端，靓丽异常，有上千个品种。但这些蛾子多为害虫，如危害玉米、谷子、高粱、棉花等的红缘灯蛾、尘污灯蛾；危害桑、茶、柑橘等

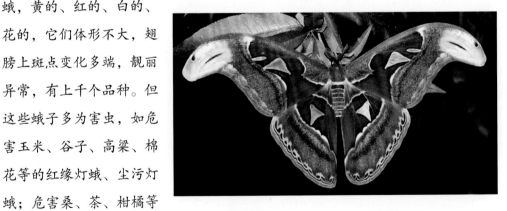

的人纹污灯蛾、黑条灰灯蛾、八点灰灯蛾；危害森林的花布灯蛾、褐点粉灯蛾；危害绿肥作物的纹散灯蛾；等等。美国白蛾更是重要的国际植物检疫对象，它们

白天大都躲在晒不到太阳的地方，野外活动。另外，还有很多种不到 1 厘米大的叶蝉，虽然叫蝉，但它们只是长得像而已，其实它们并不会叫，但却是危害谷类、蔬菜、果树和林木的害虫。

都是虫虫，却大不同人们常说的虫，人们大多指的都是昆虫。从分类学角度说，昆虫属于节肢动物，昆虫纲的基本特征是：头胸腹，两对翅，六只足，头生触角，骨包肉，所以像同属节肢动物中蜘蛛、蝎子等 8 条腿的动物，很多条腿的蜈蚣、马陆、鼠妇等，都不能算昆虫，

顶多算是人们生活中俗称的"虫"一类。还有像虾、蟹一类的甲壳纲节肢动物就很少有人把它叫"虫"了。这样一来，我们日常所说的"虫"实际上是指代了许多种无脊椎动物。

如果低头留意脚下，秋夜的路灯下，还能看见很多不是昆虫的"虫虫"，因为它们都属于多足纲，其中最能吓人的当属"山寨版"蜈蚣——马陆。虽然长得像，但它没有毒颚，可体节上有臭腺，能分泌一种有毒臭液，气味难闻，使得家禽和鸟类都不敢啄它。常有人会问："它有多少对脚？"其实，最准确的说法是：它有多少节，就有多少对脚。它有 10000 多种，最多的也不超过 200 对脚。

另一种多足常见的是可爱的鼠妇（俗称西瓜虫），为甲壳动物中唯一完全适

应陆地生活的动物，从海边一直到海拔 5000 米左右的高地都有它们的分布。最初受到惊吓后会加速跑，一旦再次受惊，会蜷缩成一个圆球装死，等到危险解除后再展

开。鼠妇以草为食，用腮呼吸，而腮只能在湿润的环境中运作，所以居住在潮湿的地方。鼠妇外壳有层薄薄的油，不易被蜘蛛网等粘住，在中国大多数地区都有分布。

当你走过有路灯的地方时，不时遇到迎面飞来、甚至撞在你脸颊的虫子，之后掉落在地上"装死"，它就是鞘翅目甲虫。鞘翅目甲虫最多的是金龟子，全世界超过 2 万多种，除了南极洲以外的其他大陆都可以发现它们，我国

约有 1300 种。我们平时在灯下常见的有黑玛绒金龟子、东北大黑鳃角金龟子、铜绿丽金龟子和花金龟子等，它们也都是杂食性害虫。因为体态肥硕，飞起来不是很灵活，所以总是撞上灯下的路人，也因为自知身手不够敏捷，所以干脆装死，希望能逃过一劫。

另外，还有一种特别有趣的甲虫，不用足跳高的虫——磕头虫，很多孩子都喜欢捉住它，看它"磕头作揖"的样子。其实它的前胸腹有一个像合页似的"机关"，使得磕头虫没有用腿，却成了"跳高"能手。

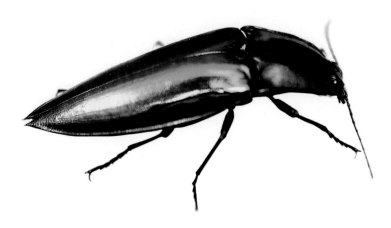

聚会中的虫虫，对人类并不都是无害的，其中三种一定要小心，一旦被它们咬伤可不是闹着玩的。第一种是羔虫，它总潜伏在灯下的草丛中，一

旦有人坐卧或接触，恙幼虫便爬到人体身上叮咬，病原体进入血液后，会出现持续高烧、休克、毒血症等症状，导致机体发生一系列病变。2012 年 5 月，广州市两位市民被恙虫叮咬而不治身亡，引起民众对恙虫的关注。它也会寄生在鼠、鸟、爬行和两栖类动物身上，猫、兔亦常见。专家建议，游玩时尽量少到恙虫潜伏的草丛和公园草坪里去，如果不可避免，要涂上驱蚊药，穿有袖子的衣服，最好不要坐在草地上。若发现持续高烧不退的症状，要及时就医。

第二种是蚊子，大家对它的危害和预防都比较熟悉。

第三种是隐翅虫，秋季正是它的活跃期。这种虫子是一种黑色小飞虫，头黑色，胸橘黄色，白天栖居潮湿的草地等处，有趋光性，多在夜间向有灯光处飞行。雨后闷热天气时隐翅虫尤多。该虫体各段均含有毒素，为一种类似于强盐酸性质的毒汁，夜间飞落在皮肤上叮咬皮肤或虫体受压时可释

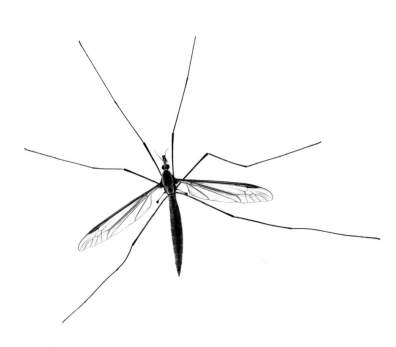

放出毒液，引起皮炎，典型症状为早晨起床后突然发现的条状或斑片状水肿性红斑、丘疹或水疱、脓包，单条或多条状，长短和方向不一，状如鞭子抽打样，局部有瘙痒、灼热及刺痛感，附近淋巴结肿大。被隐翅虫咬伤后，少拍打，避免隐

翅虫体被打死时体内酸性毒汁直接侵袭皮肤，可立即用 20 片小苏打片溶于水中或肥皂水清洗患处来中和酸性毒汁，红肿处可外涂炉甘石洗剂。如果症状严重或短期用药后无效须要到医院皮肤科就诊。

人类需要昆虫而它们并不需要人类。昆虫是世界上数量最多的动物群体，它们的踪迹几乎遍布世界的每一个角落，目前人类已知的昆虫约有 100 万种，在我国有分布的约占到 10%。当然，对于虫虫，有人爱不释手，有人厌恶至极，有人惧之不及，有人避之不及，那是因为许多人往往只看到昆虫危害人类的一面，而忽略了其有益的一面；可以说——总体上昆虫的益处远大于害处。

我们无法想象，没有昆虫地球或人类将会怎样？这里有一个例子：澳大利亚引入羊牛马等牲畜后，由于那里没有生物能取食或消化牲畜的粪便，大量的粪便堆积起来，慢慢占领地盘，从而使牧草不能很好地生长。可以说昆虫等无脊椎动物的生物多样性是环境稳定的核心。

神奇的桃花水母

2014 年 6 月中旬，一种像切开的柠檬片样的水生"怪物"在陕西安康瀛湖中游来游去，引发当地渔民的担忧。后经专家鉴定，这种生物有"水中大熊猫"之称，名叫索氏桃花水母。

桃花水母的种类

到目前为止，世界上已发现的桃花水母有 11 种，最早被发现的就是索氏桃花水母，是 1880 年在英国被发现并命名的。

物种历史

桃花水母大约诞生于 6.5 亿年前，比恐龙还要古老，因其活体罕见而被列为

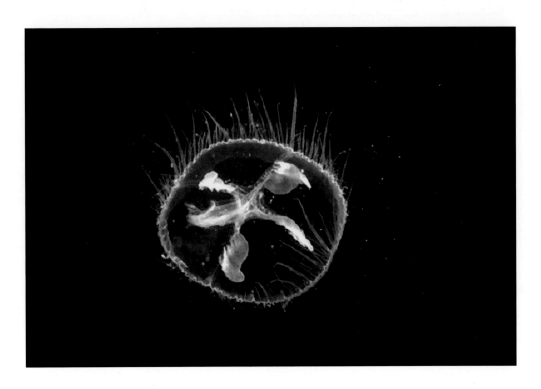

世界最高级别的"极危生物"。这种淡水水母对生存环境要求极高，只有在水质无任何污染的条件下才能生存。它也是中国一级保护动物，有"水中大熊猫"之称。

生存环境

水母体生长最佳环境是无污染、人为痕迹少的弱酸性水质，若水质受污染，它们就有可能在数日之内灭绝。

桃花水母佐证汉江水质好

这种水母游荡时的样子像是桃花盛开，因此称它为"桃花水母"。桃花水母在古代被称为"桃花鱼"。"春来桃花水，中有桃花鱼。浅白深红画不如，是花是鱼两不知"。这首古诗里提到的"桃花鱼"就是桃花水母。

桃花水母体态晶莹透明，在水中游动，姿态优美。游动时伞体不停地收缩与舒张，将下伞腔内的水压出体外，借此朝相反的方向缓慢游动。当遇到食物时，触手上的刺丝囊即射出刺丝，刺中猎物后用毒素将其麻痹，以触手送入口中，吞入胃内。作为低级腔肠动物，它的口同时也作为肛门使用，消化不了的残渣，仍

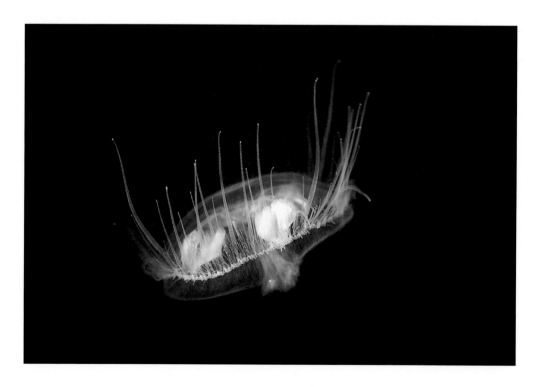

由口排出体外。

　　桃花水母的繁殖很有特点，在进行有性繁殖后本体便会死亡。卵受精发育成一个微小的披满纤毛的浮游幼虫，幼虫一端接触石土等外物后固着其上，发育成一个极小的树枝状的水螅体。水螅体对环境要求极低，一旦无性繁殖出水母则对环境和水质要求很高。

　　当环境适应时，螅状体便自然分离出水母；环境不利时，螅状体便长期吸附于水下或岩石缝中进入休眠而生存下去。

　　水螅体可度过酷热的夏季和严寒的冬季，待来年春天，以出芽生殖产生水母体，水母体成熟后，再进行有性生殖，这在动物学上称为"世代交替"。这也可以解释桃花水母为何突然出现，经几日或十几日后又悄悄地消失。但从水螅体萌发水母的机制尚不明确，仍有待研究。

神秘的秦岭雨蛙

　　秦岭仅一种雨蛙，就叫秦岭雨蛙，它与我们常见的蛙类最大的不同就是它会上树，因此秦岭雨蛙又名秦岭树蟾，属雨蛙科，体型较小，是中国特有的物种。20世纪60～80年代，首次发现于陕西周至、洋县。由于其生存环境遭到破坏，已多年未发现。2010年，在陕西省佛坪国家级自然保护区龙潭子保护站一带，一名学生发现其踪迹并拍下了珍贵的照片。在后来的几年，秦岭雨蛙陆续被更多的人发现。

一直以来，对秦岭雨蛙的研究非常少。中国科学院两栖爬行动物研究专家赵尔宓在《秦岭两栖爬行动物调查报告》中介绍，秦岭雨蛙体长最长 42.5 毫米，头宽略大于头长，吻宽圆而高，吻端平直向下，吻棱明显，颊部几近垂直，鼻孔近于吻端，眼间距大于鼻间距或上眼睑之宽，鼓膜圆而清晰，约为眼径之半，舌较圆厚，后端微有缺刻，锄骨齿两小团，略呈圆形。身体各部的黑斑数目不同，而且斑点的形状、大小及排列方式也有不同，主要有略呈三角形或近于方形的，这样的斑点多排列成镶嵌形，有的呈圆形斑，分散排列，也有由于相邻的几个斑点连接在一起，成为较大的斑块，吻端头侧绝大多数为"T"形棕褐斑。前肢较粗壮，指端均有吸盘，雄性小于雌性。秦岭雨蛙成体，白昼多生活在杂草及灌木中，特别是聚集于灌木下方的草丛中，晚上则多在秧田四周、河边树丛、麦地、田埂甚至山坡各处鸣叫不已，有时亦在田边水内露出头部。

　　国内两栖爬行动物研究专家宋阳博士曾介绍说，秦岭雨蛙其体型娇小，能在树叶、草叶上捕食蚊、蝇等小虫。秦岭雨蛙主要栖息于海拔 1500 米左右的高山稻田或水域附近，栖息地要接近水源，还要有杂灌、树叶或湿地，对生活环境要求极高。2009 年，在周至县厚畛子发现过大批秦岭雨蛙，还偶遇秦岭雨蛙产卵，并拍摄取下秦岭雨蛙产卵及产卵后的情况，以及它们捕食的珍贵资料。近几年，连续发现秦岭雨蛙，说明秦岭以南的自然植被、干湿度、水质等优良，生态环境良好，再加之近年来对天然林保护工程加强，种群数量也呈现增加的趋势，作为当地生态环境的指示物种，希望秦岭雨蛙能不断繁衍下去！

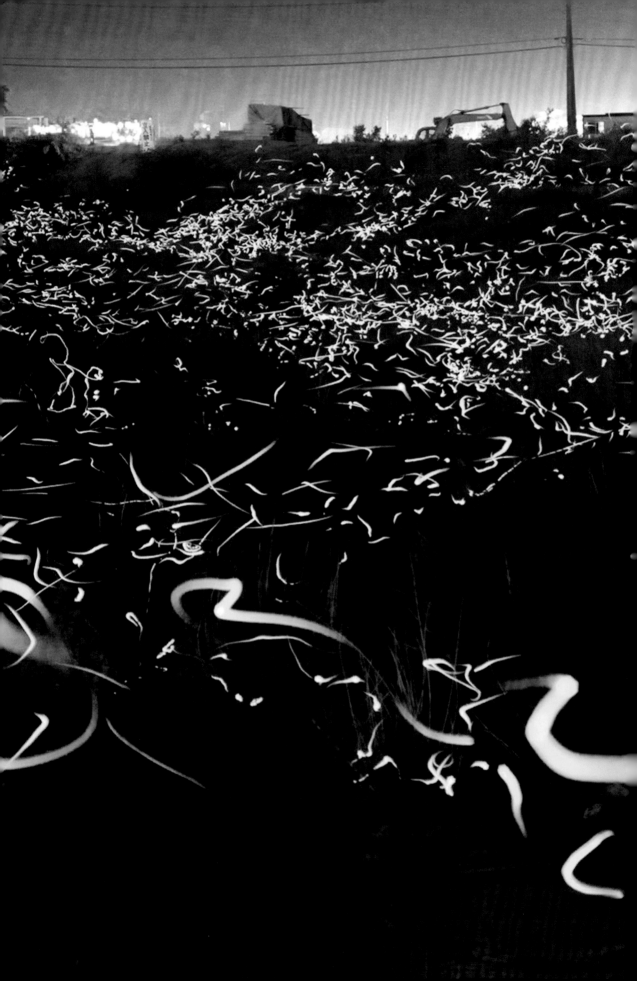

寻找童年里的微光——萤火虫

　　儿时的我，喜欢在夏季的夜色中，在小河边和乡间小路上，追逐萤光，那时的它们好似星空中坠落的点点流星，又似夜空中绽放的火花，点缀着童年的梦境。我总是尝试着去碰触这些精灵，但是它们都害羞极了，指尖触碰的瞬间便惊恐地闪开，完全没有在空中旋转、飘荡的优雅。回家的路上总是有鸡蛋壳或折纸做成的萤火虫灯笼，或是带着里面塞满了萤火虫的闪闪发光的南瓜藤项链与我相伴。这些照亮了童年的荧光是怎么发出来的呢？

认识萤火虫

　　世界上有 2000 多种萤火虫，我国约 150 余种，大部分都会发光。萤火虫要

经历卵、幼虫、蛹、成虫四个阶段，而卵、幼虫、蛹也是会发出荧光的。萤火虫幼虫为水生和陆生。

　　初夏雨后的傍晚，空气中弥漫着浓郁的泥土芳香。走在山间的公路上，你会发现路边的草丛中闪现着一团亮点，忽明忽暗。蹲下身伸手探索这些亮点，原来是一只萤火虫的幼虫：它慵懒地摆动着身子，尾巴两侧发出闪烁的绿光。科学家

研究发现：萤火虫幼虫发光主要是为了警戒和防御天敌，而成虫发光主要是一种两性交流的信号，也就是求爱的语言。马路边的蜗牛和蛞蝓及水中的螺类是陆生、水生幼虫们最爱的食物，如果你仔细观察，会发现它们将头深深探入蜗牛壳，饱餐之后才拖着慵懒的躯体缓慢地蠕动着。

萤火虫幼虫头上长有一对发达的3节触角，最末一节的触角上有一个圆形的感受器，幼虫便利用这发达的触角探测猎物的气味。此外，幼虫还长有一对非常发达的上颚，这对上颚就像毒蛇的管状牙一样，找到猎物后，幼虫会用尖利的上颚刺入猎物体内，同时通过上颚中的管道，向猎物注入消化道内具有毒性的液体。这种液体会在很短时间内杀死猎物，并将猎物的组织分解液化，随后便是它们饱

餐的时间了。

大自然是公平的，在你享受美味的时候，也随时会成为别人的腹中餐。萤火虫的天敌有很多，如捕食幼虫的蚂蚁、鱼、虾，捕食成虫的蜘蛛、青蛙、蟾蜍、蜈蚣等。在美洲，还有一类专门捕食萤火虫的女巫萤，这类萤火虫的雌虫模拟猎物萤火虫雌虫发出求偶信号，吸引雄萤前来求偶并吃掉它们，就像古希腊神话传

说中半人半妖的海妖赛壬，利用自己美妙的歌声，引诱水手前来，使船触礁沉没。

正消失的萤火虫

萤火虫对生存环境极为挑剔，它们只生存在生态环境较好的河流、湖泊、湿地、稻田、森林等地方，这些地方草木繁茂、较为湿润、没有灯光干扰和农药污染。